植物大戰殭屍2

人體漫畫

游泳之王大挑戰

笑江南 編繪

U0063849

中華教育

向日葵

豌豆射手

強酸檸檬

菜問

火炬樹樁

堅果

火龍草

白蘿蔔

綠影俠

功夫氣功殭屍

功夫普通殭屍

武僧小鬼殭屍

功夫火把殭屍

未來殭屍

未來殭屍博士

深海巨人殭屍

大漢銅人

專家推薦

　　我們都希望擁有健康的體魄，但是人體是一個系統複雜的生命有機體，而且會隨着人的發育過程不斷變化。所以，少年兒童尤其要從小學習一些基本的人體常識，用科學的視角了解自身的構造，掌握一些強身健體的技能。

　　這本書用漫畫演繹了一場游泳大賽，從中生動而有趣地講解了很多重要的人體知識，比如人體正常的心率是多少？肺泡有甚麼用？肺活量愈大愈好嗎？堅持游泳有甚麼好處？怎樣預防「游泳肩」？處理韌帶拉傷的正確方法是甚麼？這些關於心臟、肺部、骨骼、肌肉、關節等人體知識非常實用，通俗易懂，妙趣橫生。

　　同學們，我們只有了解自己的身體，才能懂得如何愛護它。相信大家一定能從這本書裏學到很多有趣的人體知識，並會受益一生。我也希望大家以此為契機，在日常學習和生活中養成好習慣，擁有好體魄，做一個身心健康、全面發展的新時代接班人！

高　瑩

首都兒科研究所附屬兒童醫院主治醫師、醫學博士

目錄

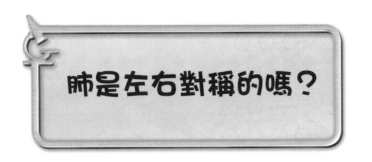

肺是左右對稱的嗎？

不是說來訓練嗎？

我們已經躺了半小時，到底甚麼時候開始訓練啊？

別着急嘛。

我們不是正在做肌肉放鬆訓練嘛！

趁學員們沒來，我們要爭取時間休息。

少來啦，學員們在的時候，你也沒親自給他們上過課……

救……救命啊……

不好，有人遇溺了！

撲通

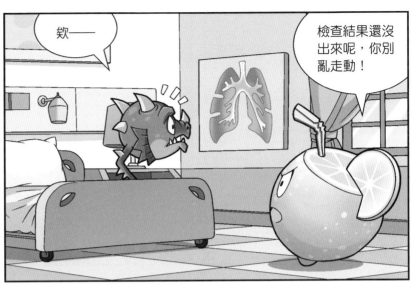

欬——

檢查結果還沒出來呢，你別亂走動！

過來看啊，這是盜版圖。

盜版圖？

你看這張肺部結構圖，左肺是兩片，右肺是三片，根本不對稱嘛！

肺部本來就是不對稱的。

肺分為左肺和右肺，左肺又分為上、下兩個肺葉，而右肺除斜裂外，還有一水平裂，將其分為上、中、下三個肺葉。

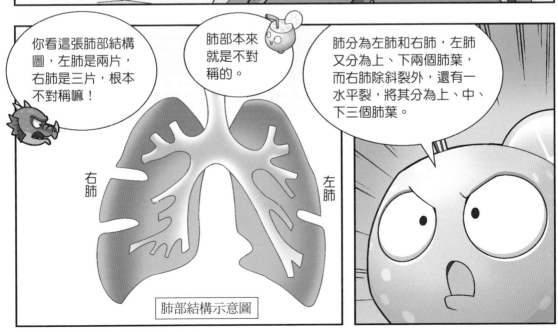

右肺

左肺

肺部結構示意圖

我還是覺得有點不對勁。

怎麼了？

我心裏不對勁。

醫生去了這麼久還沒回來，我會不會得了很嚴重的病……

你只是嗆了幾口水，別自己嚇自己。

白蘿蔔呢？他不是和我們一起來的嗎？

自從上次戰勝未來殭屍博士，贏了極限活力大比拚以後，白蘿蔔的健身班名氣大了，人也變了。

他在樓下大廳裏玩手機呢。

嘿——
哈——

甚麼聲音？

外面打起來了！

白蘿蔔，上次要不是你，我的健身班就不會倒閉，我也不會被未來殭屍博士遣送回山溝裏！

現在我住的地方，連手機信號都沒有，我都沒法上網購物了……

還我的手機信號!

奇怪,我才活動了一下,就覺得呼吸有些困難……

這裏是醫院,不准鬧事。

我管你是甚麼地方!

院長來了!

有人幫忙,我可以繼續玩手機啦!

太可惡了，居然偷襲！

你之前也偷襲我們，這叫「以其人之道，還治其人之身」。

呀呵——

事情解決了，大家都散了吧。

發生甚麼事了？

功夫氣功殭屍來搗亂，剛被趕走。

一定是大英雄白蘿蔔出手相救！

才不是呢！他就知道玩手機。

是菜問打跑了功夫氣功殭屍。

啊！

您不是已經退休了嗎？為甚麼不在家享福，天天往醫院跑？

老師雖然退休了，但對科研的熱情絲毫不減。他在家弄了個實驗室，在研究醫學。

好了，你們先去忙吧，我也有別的事要做。

好。

白蘿蔔，我新研發了一種魔幻泳池，有興趣了解一下嗎？

呃。

肺泡有甚麼用？

醫生來了！看來你還有救。

根據 X 射線和肺功能檢查報告顯示，你的病是肺大泡伴有肺氣腫。

肺大泡？

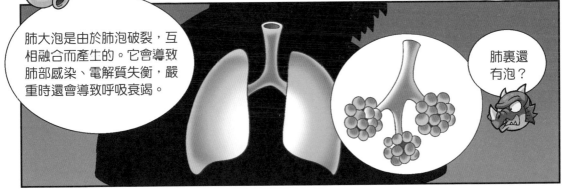

肺大泡是由於肺泡破裂，互相融合而產生的。它會導致肺部感染、電解質失衡，嚴重時還會導致呼吸衰竭。

肺裏還有泡？

是啊，肺泡是肺部氣體交換的主要部位，成年人的肺泡數量有3億至4億個！

火龍草，你膽真大，有肺病還敢游泳。

誰說我游泳了？

我是只顧着玩手機，不小心掉進泳池裏的。

還好你的病發現得早，我建議你採用手術治療。

做手術可以，但我有一個小問題。

手術期間可以玩手機嗎？

唉，迷戀手機真害人啊！

豌豆射手，下班一起去健身房嗎？

不去了。

最近白蘿蔔不當教練，我不想去。

我也是教練呀……

是啊，強酸檸檬也很認真負責的。你自己也要堅持鍛煉，強身健體。

嗯。

你能讓一讓，讓我先練嗎？

不能。

14

沒看到我正在舉槓鈴嗎？

是槓鈴在舉你吧？

你們怎麼還在這兒呢？

健身房新裝了一個魔幻泳池，大家都去體驗了。

魔幻泳池

好舒服啊！

真酷！

請問你們是來體驗魔幻泳池的嗎？

是啊。

請到這邊登記一下吧。

你們有近視、高血壓或心臟病嗎？

沒有。

那我建議你們體驗一下空中反重力泳池。

空中反重力泳池？

菜問，快看上面！

空中反重力泳池裝有磁場轉換系統，能讓大家在游泳的同時，體驗倒立的感覺。

適度的倒立可以促進血液循環，增加大腦供氧。只要你們身體健康，沒有上述疾病，都可以體驗一下。

我要體驗！

堅果，你也來啦？

是啊，我家浴缸壞了，所以來這裏泡澡。

……

真舒服啊……

倒立時間不宜過長。大家都下來吧，健身課要開始了。

健身房

白蘿蔔會來給我們上課嗎？

不知道。

健身房

雖然白蘿蔔的健身房有新奇的玩意，但我來這裏的主要目的還是上白蘿蔔的課。

誰不是呢？

兩個月前，白蘿蔔用健身絕技打敗了未來殭屍博士，聲名鵲起，大家都想當他的學員。

怎麼又是強酸檸檬教練？

就是，白蘿蔔呢？

白蘿蔔最近很忙。

大家是衝着白蘿蔔才來這裏的，可是，白蘿蔔一次也沒露面！你們這是掛羊頭賣狗肉！

讓白蘿蔔出來，給我們上課！

我們要白蘿蔔！

大家少安毋躁！白蘿蔔在辦公室，我這就去叫他。

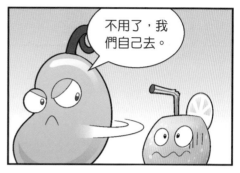

不用了，我們自己去。

喂，別衝動啊！

肺活量愈大愈好嗎?

哈哈哈

這電影真好看!

砰

原來這傢伙在玩手機!

你們說要把學員當親人,結果我們連手機都不如嗎?

白蘿蔔，你為甚麼不給大家上課？

和未來殭屍博士對戰很累的，我休息一下怎麼了？

那次對戰，已經是兩個月前的事了。

可我還沒休息夠呢。

你們來得正好，這部電影太好看了，一起看吧！

我們是來健身的，誰要看你的破電影！

受不了啦！
我要退費！

我也是！

退費！

退費！

退費！

健身房

喂。

情況怎麼樣了？

師父？你那邊不是沒信號嗎？

別管這些，你先告訴我，白蘿蔔那邊最近有沒有動靜？

除了大漢銅人的呼嚕聲，其他甚麼動靜也沒有。

退費！退費！

好像有動靜，我先掛了。

喂？喂？

26

哼，以後再也不來了。

終於到啦！

兩個月前擁有一張優惠券就能免費上課，現在的價格竟然漲了這麼多！

你是來報名的嗎？

白蘿蔔最近很頹廢，但這個健身房是他帶着我辦起來的。我不想看到它就這麼關門。

我們和白蘿蔔是好朋友，大家有難同當！

從現在開始，我們認真訓練，多參賽，多拿獎。只要能引起社會關注，健身房一定會重振雄風的！

可就我們三個，拿獎的概率會不會有點小？

你們先等一下。

嗒 嗒 嗒

幾分鐘後

現在已經有四個啦。

這是哪兒？帶我來這裏做甚麼？

有堅果在，拿獎的概率更小了吧……

我們先從最基本的做起，先訓練肺活量吧。

太好了，我想擁有超大肺活量。

研究表明，肺活量愈大愈好，如果肺活量檢測數值低，就代表人體攝氧和排出二氧化碳的能力差，內部供氧不充足。

一旦出現需要大量耗氧的情況，比如長時間學習、工作，就會出現頭暈、胸悶、記憶力不集中等不良反應。

還好我已經通過醫師考試，不需要長時間學習了。

我去和白蘿蔔
看電影啦。

電影有甚麼好看
的？我們要做的
事情，比電影還
精彩呢。

堅果，你怎
麼能臨陣脫
逃呢？

我又不是自願
參加的……

當上醫師以後，更要加強
學習，提高醫術。要想成
為絕世名醫，必須以身作
則，強身健體……

那我練！

鍛煉肺活量有很多種方法，比如耐久跑練習、擴胸運動、潛水或游泳等。

我們先從耐久跑練習開始吧！

5 分鐘後

好累，跑不動了。

堅果，加油，才跑了 5 分鐘！

我不行了。

骨骼也有生命嗎？

老師，我來啦！

老師，您實驗室的條件真好，還有泳池。

泳池也是我的研究項目之一。

我還在泳池裏投放了仿生海洋生物，使這裏的環境和海洋環境一模一樣。

仿生海洋生物？

你下來，我帶你去參觀。

這是仿生水母，而那邊是仿生蝙蝠魚。

那是甚麼？

那是沒研製成功的瑕疵品。

砰

砰

終於安全了。好好的，幹嗎在泳池裏養鯊魚啊？

還不是想讓海底環境更加真實嘛……

老師，泳池跟醫療科技無關吧？您研究它幹嗎？

游泳有益於身心健康，當然和醫療科技有關呀！

不過做研究太費錢了。我剛把魔幻泳池賣給白蘿蔔，掙了一筆錢，但經費還是不夠。

等我把仿生泳池賣給神祕買家，就有經費做深入的研究啦！

我真正要研發的是它，能讓所有人在水中暢游的設備——超級水精靈！

這是甚麼？游泳帽嗎？

泳帽做成這樣，也太誇張了。

別小看超級水精靈。

我計劃在超級水精靈中裝配電波干擾裝置。它能改變腦電波，加強大腦對神經的控制，實行人體「自動化」！

游泳運動需要用到全身大部分肌肉和骨骼。

骨骼裏也有神經系統的分佈，這個辦法是可行的。

很多人以為骨骼是乾燥、沒有生命的，其實不是。

骨骼是潮濕的，骨膜內還分佈着豐富的神經、血管和淋巴管。

不會游泳的人到水裏後，往往愈是掙扎，卻愈往下沉。

據世界衞生組織估計，每年全球約 38 萬人溺斃，其中超過一半是青少年。

我的目標是讓所有不會游泳的人，只要戴上超級水精靈，就會游泳！

人體正常的心率是多少？

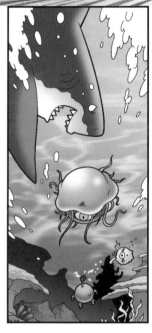

快跑啊！

跑甚麼？沒看到我正在和水母怪決戰嗎？

你身後有鯊魚！

好消息！

社區游泳比賽要開始了，我幫你們報名吧？

我去不了。

我不會游泳。

白蘿蔔，你以前是游泳高手，來參加吧！

你在開玩笑嗎？像我這麼出名，讓我參加社區比賽？

堅果，我們繼續玩海底大戰吧！

好啊！

哈哈哈

不能讓白蘿蔔這樣玩物喪志下去了。

第 2 天

你要帶我去哪裏？我還沒打完遊戲呢！

健身房

去了就知道。

42

第一場的賽事非常激烈，大家都使出了渾身解數，力爭第一個出線！

游得這麼慢，哪裏激烈了？

呃，解說很激烈……

一會兒神祕嘉賓到場，一定讓你大跌眼鏡！

還有神祕嘉賓？

看，他來了！

我說了，我哪裏也不去！

45

心率 210，快爆表了。

210 ？

在安靜的情況下，成人的正常心率為每分鐘 60-100 次，運動狀態下的心率也不會超過每分鐘 210 次。

白蘿蔔是運動員，按道理來說，他的心臟功能更好，心率應該比正常人慢。

他最近缺乏鍛煉……

今天的比賽冠軍是——巴豆！

太丟臉了……

血液是「變色龍」嗎？

植物TV

新聞 白蘿蔔游泳比賽慘敗

哈哈哈，丟死人了。

師父，白蘿蔔缺乏鍛煉，現在一定不是我們的對手。

我們可以趁機去報仇！

我聽說，白蘿蔔健身房裏還有一個教練，不知道他是甚麼來頭。

是啊，萬一他和以前的白蘿蔔一樣厲害，那就完了。

師父！

師父，你要替我做主啊！

你的臉怎麼紫了？

臉變色，是因為我的血變色了。

血還會變色？

動脈血含氧量高，所以血通常是鮮紅色。當血液經過動脈、毛細血管等到達全身各部位，氧氣被細胞利用，隨後回到靜脈，其中的氧氣量就減少了。

49

氧氣量少時，血液就會變成暗紅或紫色。

我這情況就屬於猛烈撞擊後，血液從毛細血管滲出，血液裏的氧氣被消耗了，導致血液含氧量低。

我今天本來好好的，跑去潛水，結果⋯⋯結果⋯⋯

結果怎麼了？

結果被深海巨人殭屍給揍了！

深海巨人殭屍說，城外的海域是他的，沒有他的允許，不准去那裏潛水。

豈有此理！

我去給你報仇！

師父威武！

師父，別衝動！深海巨人殭屍在水中的戰鬥力超強，我們打不過他的。

那怎麼辦？難道眼睜睜地看着我的徒弟被欺負嗎？

多一個敵人，不如多一個朋友。我們不如請他出山，聯手對付白蘿蔔。

這主意不錯。

可是派誰去請他呢？

我們中間，只有一個人和深海巨人殭屍打過交道。

你去！

你怎麼又來了？

是我師父讓我來找您的。

我師父想請您出山，同我們一起……打敗白蘿蔔……

既然你師父請我，那他為甚麼不親自來？

好高啊，
我畏高！

三十六計，
走為上計。

我游！

我追！

大俠，您放
過我吧！

我師父還等我回家吃飯呢。

到飯點了？

我也該回家吃飯了。

嘩

以後別讓我再看到你！

骨骼肌為甚麼又叫「隨意肌」？

甚麼？深海巨人殭屍耍大牌？

他看起來一點也不想幫我們。

他不幫我們，我們就自己去找白蘿蔔算賬。

健身房

你們是來報名的嗎？

你看我們像嗎？

菜問，你太厲害啦！

那是因為我經常練習骨骼肌。

骨骼肌的收縮受意識支配，稱「隨意肌」。它收縮的特點是快而有力。

你別忘了，骨骼肌的收縮雖然快，但是不持久。

所以你別光在那裏站着，快來幫我啊。

這種小事，還用我出手嗎？

再來！

太不公平了，我最小，還總站下面！

輩分小，就該站下面。

強酸檸檬
教練！

我警告你們，以
後少來搞亂。

這教練挺厲害
的。先撤吧，
再想辦法……

教練，你是
來給我們上
課的嗎？

不是。

我是來辭
職的。

辭職？

自從輸了游泳比賽，白蘿蔔更加一蹶不振。這事也怨我，我不該隨便幫他報名。

這怎麼能怪你呢？

是我害了他，我沒理由繼續待在白蘿蔔健身房了。

我去交辭職信。

健身房

沒教練了，我們是不是可以放假了？

當然不行了。

白蘿蔔是我們的好朋友，我們要拯救他！

怎麼拯救啊？

我了解白蘿蔔，他不是輕易認輸的人。

他現在一蹶不振，只能說明他受的刺激還不夠大。

我們要給他更大的刺激！

更大的刺激……

我懂了！

白蘿蔔，瞧，我給你帶甚麼來了？

運動不當會引發生命危險？

這邊有甚麼活動嗎？

聽說裏面在開發佈會。

大家別擠，一個一個進去。

有請今天的主角——瘋狂戴夫！

這裏在開甚麼發佈會？

瘋狂戴夫的發佈會。

一年前，殭屍傷害了我的身體，讓我意識到鍛煉身體的重要性。

經過這一年的鍛煉，我已經恢復健康，而且身體非常強壯！

不信，你們看我的正面！

啊可

再看背面！

還有側面。

我覺得大家已經看夠了，還是說正事吧。

是這樣的，我打算在植物鎮舉辦一場前所未有的比賽！

甚麼比賽啊？

環太平洋游泳比賽！

太平洋有近兩萬平方公里，海水那麼鹹，游完一圈，我們都變成泡菜了！

別擔心。

我們不會真的去太平洋游泳，因為賽場會設在一個特殊的游泳館裏。

也就是即將開業的瘋狂游泳館。瘋狂游泳館裏有特殊的水流系統，讓你在游泳池裏就能體驗環太平洋游泳。

請大家踴躍報名吧！冠軍就是「游泳之王」！

搞了半天，是為了宣傳他的游泳館。

走吧，走吧，沒甚麼好看。

勝者會得到瘋狂戴夫道具店首發的高科技產品一份，價值 10000 元！

！

我要報名！

我也要！

爬

吃飯啦。

不想吃，沒心情。

還在為游泳比賽的事發愁嗎？

還記得兩個月前，你的健身房是甚麼樣子嗎？

當然記得，那時候，我住在和平街 100 號，健身房又舊又破。

是啊，但那個時候，我們都很認真地訓練。

嗖

好懷念那些日子。

健身房變成現在這個樣子，都是我的錯。

現在重新開始，還來得及！

來不及了。

我很久沒鍛煉了，前兩天還被一個小毛孩給打敗了。

72

如果給你一個月的時間恢復訓練呢?

一個月?

戴夫舉辦了一個環太平洋游泳比賽,比賽時間是一個月後。

好好訓練,你一定能成為「游泳之王」,讓白蘿蔔健身房重新煥發生機!

「游泳之王」?

好!我一定要成為「游泳之王」!

魔幻泳池

豌豆射手，你也來訓練啦？

當然，上次沒能參加植物醫院運動會，我一直心有不甘。

這次環太平洋比賽，我一定要贏你。

誰怕誰？

對了，不是說白蘿蔔恢復訓練了嗎？他人呢？

我們剛把他送進醫院，向日葵在照顧他。

白蘿蔔生病了？

他暈倒了，可能得了「橫紋肌溶解綜合症」。

橫紋肌溶解綜合症？

橫紋肌溶解綜合症的發病原因是運動不當，肌肉受到嚴重破壞，肌肉裏的肌紅蛋白大量進入血液。它們通過腎臟排泄時，堵塞腎小管，導致急性腎衰竭。

這可是威脅生命的病啊！

據我的觀察，他應該不是橫紋肌溶解綜合症。

那是甚麼？

堅果把健身房裏能吃的都吃掉了，所以白蘿蔔應該是餓暈了……

為甚麼醫生選擇在屁股上打針？

白蘿蔔，我來看你了！

看，我給你帶來了甚麼……

你是誰？為甚麼亂闖病房？還亂掀被子！

對不起，走錯房間了。

你怎麼住院了？

我着涼發燒了。

該打針啦。

又要打針……

把屁股抬起來。

為甚麼要在屁股上打針？

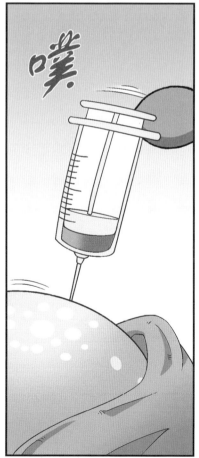

噗

因為屁股上的臀大肌肌肉肥厚，打針的時候，可以避免傷及骨頭。

而且，屁股上的肌肉組織疏鬆，有利於藥物吸收。所以，屁股成了肌肉注射最常見的部位。

79

真可憐。

你幫我把這些水果帶給他吧！

這是我買的水果……

我有一個好消息要告訴你。

甚麼消息啊？

白蘿蔔已經打起精神，準備參加環太平洋游泳比賽啦！

真的嗎？那太好啦！

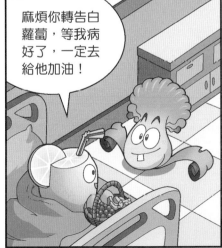

麻煩你轉告白蘿蔔，等我病好了，一定去給他加油！

你到底認不認識路啊？

別着急，海底沒有地標，路比較難找。

但我記得，深海巨人殭屍就住在這附近。

甚麼聲音？

潛水艇好像撞到甚麼東西了。

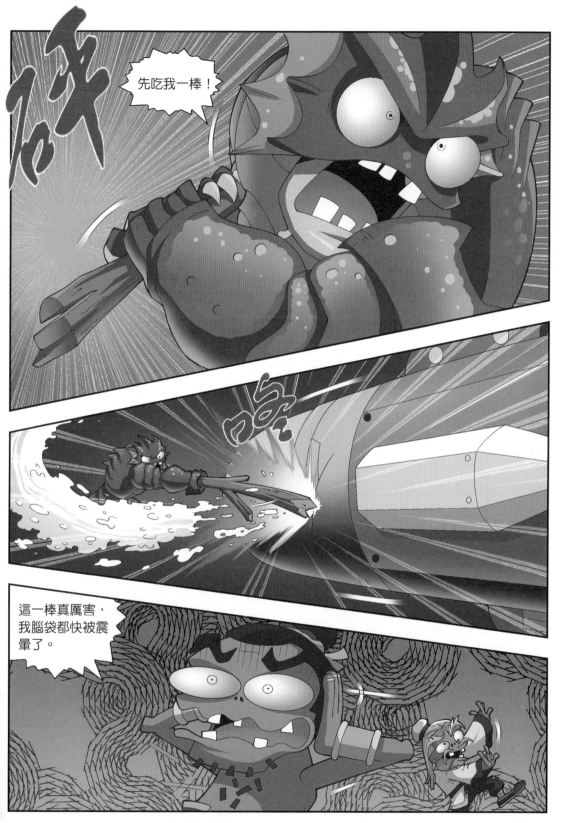

發射炮彈。

這樣不好吧？

萬一激怒他，就更不會和我們合作了。

別擔心，我在炮彈裏加了控制藥水。

有控制藥水？那上次為甚麼不給我？

這是新科技產品，很貴的。我這不是想節省成本嘛！

轟轟轟

藥水起作用了。

等他醒過來，就會聽我的了。

肌肉是怎樣練出來的？

你是誰？

我是你的主人啊！

我不認識你。

師父，你買的控制藥水會不會是假貨啊？

師父，飯做好啦！

主人！

誰能告訴我，這是怎麼回事？

我明白了。

誰發的炮彈，深海巨人殭屍就認誰做主人。

剛剛那個傢伙冒充你是我的主人，要不要我幫你揍他？

他是我師父。

不管怎麼樣，深海巨人殭屍已經被我們收服，接下來要考慮的是如何對付植物。

戴夫舉辦了一個環太平洋游泳比賽，我想讓你們都報名。

有深海巨人殭屍在，我們還用去嗎？

當然要去了！

我的目標是包攬前三名，讓植物們丟臉丟到太平洋！

一二，一二……

練這些有用嗎？

師父說，深海巨人殭屍的肌肉很發達，讓我們跟着他，先練肌肉。

我教你們的，是鍛煉肌肉的幾種常見方法。年齡段不同，鍛煉肌肉的方式也不同。

兒童時期，可以通過跳繩的方式進行鍛煉，因為跳繩可以同時增強上下肢的肌力。

另外，還可以進行爬杆、丟沙袋等較輕鬆的肌力運動。

到了少年發育期，可以開始進行一些輕負荷的負重練習。到了青春期初期，可以進行掌上壓撐、引體向上，以及啞鈴、拉力器、實心球等器械練習。

但青春期之前，不要進行槓鈴等高負荷的負重練習。

跳繩挺省力的，我們還是進行跳繩訓練吧。

10 天後

植物鎮

計劃是這樣的——

我先在門口放風，你們進去，偷偷填好報名表。

深海巨人殭屍為甚麼沒來？這麼重要的行動，他也應該參加啊！

他太高大，容易被發現。

最近植物鎮和殭屍城的關係緊張，植物不准殭屍參加比賽，我們只能暗中行動，偷偷報名。

師父，報名表長甚麼樣啊？

所有關節都能活動嗎？

火炬樹樁真客氣，買泳池系統還送耳塞。

超強靜音耳塞

我要睡覺了，外面就拜託你啦！

放心吧！

脚
蹦
手
蹦

一個人都沒有。

安全！

你們進去，我在這裏把風。

好。

我等你們好久了！

從你們在院牆外商量計劃時，我就開始監視你們了。

完了，被監視了。

你是誰？

我是戴夫請的保鑣——綠影俠！

師父，事情辦妥了，我們回去吧！

不好，戴夫有危險！

奇怪，一切正常啊⋯⋯

第 2 天

這節課我們來練習靈活性。

這個我最在行啦！

大家都說，我是個靈活的胖子！

不信你們看，我全身的關節都能活動。

全身關節不可能都能活動。

難道你忘了顱骨嗎？

根據連接組織的性質和活動情況，關節分為不動關節、少動關節和可動關節三類。

有些骨連接是不能活動的，比如腦顱骨。

對呀，我怎麼把這給忘了？

豌豆射手今天怎麼沒來？

他去和火炬樹椿老師做研究了。

這傢伙三天打魚，兩天曬網，還去不去參加比賽了？

嘿

咦，那不是戴夫新請的保鏢嗎？

請問你有事嗎？

戴夫讓我來看看你們。昨天，他家有殭屍闖入。

他沒事吧？

沒事。殭屍他們沒傷害戴夫，也沒拿走房間裏的任何東西。

但是這件事讓戴夫感觸很大……

他讓我提醒你們，以後睡覺別戴耳塞。

這算甚麼感觸啊……

甚麼是人體上肢最靈活的關節？

你來了。

你怎麼累成這副樣子？

為了做實驗，我已經好幾天沒睡覺了。

你為環太平洋比賽操勞成這樣，真令我感動。

比賽用的泳池，我早就設計好了。

那你這大黑眼圈是怎麼熬出來的？

我是為了它才不眠不休的。

還在研究章魚帽超級水精靈啊？

超級水精靈的研究進入了關鍵階段，我已經用它控制了腦電波。

功夫不負有心人啊！

我能試戴一下嗎？

可以。

不過實驗沒有完全成功，腦電波的控制有些不穩定。

白蘿蔔，入口在這邊。

你是這裏的接待員？你的病好了嗎？

我的手術做完了，恢復得不錯。

多虧了豌豆射手，是他給我做的手術。

豌豆射手，你也來了！

是啊，我們不是說好了嗎？要痛痛快快地比一場！

那你和火炬樹樁的研究怎麼辦？

這是祕密。

你們看，這就是環太平洋游泳比賽的專屬泳池。

好逼真，還有鯊魚呢！

原來火炬樹樁把仿生泳池賣給了戴夫。

這是仿生鯊魚，不會傷害人的。

這個泳池能模擬海洋中所有可能出現的情況，如狂風、巨浪⋯⋯

離正式比賽還有兩天，你們可以先在這裏訓練和熟悉環境。

謝謝你。

我跟你們一起訓練吧！

好啊。

我們先做下水前的準備活動吧！

繞肩運動。

不管參加何種運動，都要保護好自己的肩膀，你們知道是為甚麼嗎？

我知道，因為肩關節是全身大關節中結構最不穩固的關節。

同時，肩關節是人體上肢最靈活的關節，肱骨頭很大，呈球形，關節囊薄而鬆弛。

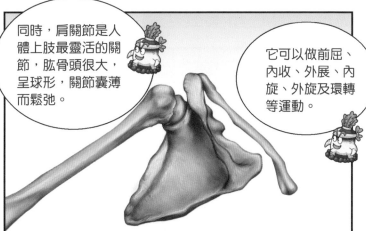

它可以做前屈、內收、外展、內旋、外旋及環轉等運動。

靈活性大，也意味着它的結構不穩固……

這裏是植物的比賽，殭屍不准進來！

外面好像出事了。

109

發生甚麼了？

這幾個殭屍說他們也報名參加比賽了。

比賽是戴夫為植物鎮舉辦的，你們來錯地方了。

搞錯的是你們！

不信你們查查系統，到底有沒有我們的報名資料……

嘩里啪啦

還真有！

97

現在我們可以進去了吧？

可以……

你不行，電腦裏沒你的報名資料。

啊？

武僧小鬼殭屍，這是怎麼回事？

報名表年齡那一欄，沒有和您相符的選項，所以沒有報名成功……

最高年齡限制是 35 歲。

怎樣預防「游泳肩」？

瘋狂游泳館

哈哈！我第一！

才不是呢。

白蘿蔔早就游到終點線了。

要不要再來一圈？

來就來！

啊！

你們先練着，我去旁邊休息一下。

你還好嗎？

這種病在游泳運動員中很常見。運動員在游泳時，肩關節重覆轉動，導致肩關節內組織不斷相互擠壓、摩擦，損傷是難免的。

最近訓練太密集了，我好像得了「游泳肩」。

你們也要注意預防「游泳肩」。

怎麼預防啊？

首先，注意划水動作，划水時不要聳肩，因為聳肩會給肩部肌肉帶來緊張；其次，連續訓練期間，要保證一定的休息時間，放鬆肩部肌肉。

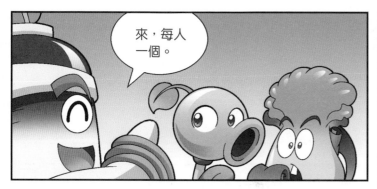

來，每人一個。

一二，一二......

自由泳、蝶泳、仰泳划水前進的力量，主要來源於肩關節的內收肌和內旋肌的收縮。彈力帶訓練可以有效地訓練內收肌和內旋肌。

你們別浪費時間了。

又是你們！

我們有深海巨人殭屍，你們輸定了。

可惡，我噴！

你們別囂張，惡意傷害參賽人員，會被取消資格的。

該被取消資格的是你們。

戴夫睡得真深，這麼大動靜都聽不見。

超強靜音耳塞

這是甚麼黑科技？

沒想到吧？火炬樹椿給我的耳塞，對內可以消音，對外還能自動錄像。

你們違規報名！我宣佈，取消你們的參賽資格！

噹

哎喲！

強酸檸檬教練！

大家好！

順便和綠影俠一起，維護比賽秩序！

我來啦！

你的病好了？

是啊，我是特意來給白蘿蔔加油的！

又是那個保鏢，深海巨人殭屍，幹掉她！

啊

堅持游泳有甚麼好處？

未來殭屍博士實驗室

我已經派人參加環太平洋游泳比賽了，這次一定能打敗白蘿蔔！

幹得漂亮！

沒想到，沒有我的幫助，你也能成事啊！

那我是不是能從山溝裏搬出來了？

搬，現在就搬！

今天就搬到我的大別墅去住。

謝謝博士！

師父，我們失敗了！

半小時後

沒用的傢伙！

功夫氣功殭屍，你還是繼續住在山溝裏吧！

不要啊！

至少讓我搬到一個有信號的地方啊！

讓你搬到信號發射台，好不好啊？

那裏輻射有點大吧？

還敢頂嘴？

不准傷害主人的師父！

放開我，你是誰啊？

深海巨人殭屍,快把博士放下來,他是我師父的老大。

陸地殭屍的關係真複雜。

博士,這次植物們都會在戴夫的瘋狂游泳館集合,這可是個一網打盡的好機會啊!

就憑你們這幾個傢伙?

我們有殺手鐧!

我們在戴夫的家裏,拍到了瘋狂游泳館的內部結構圖。我們可以自己溜進去。

這泳池裏有特殊的水流系統，打開水流系統後，游一圈，相當於游完整個太平洋。

環太平洋游泳比賽，就在這麼小的泳池裏進行？

你試過了？

沒有，戴夫說這個系統會在今天的開幕式上正式啟動。

你們誤會了，我辦這個比賽是為了推廣游泳這項健康的運動。

游泳活動對身體各個器官都有很好的養護作用，因為水的浮力可以減輕骨骼負擔，能讓兒童的骨骼生長得更好。

游泳時，水造成的阻力可以增加脂肪的消耗，使我們體態勻稱，身姿健美！

沒錯。游泳還能增強心肺功能。

游泳需要克服水的阻力，這個過程能使心臟、血管、肺部得到很好的鍛煉，心肺功能得到顯著的提升。

我比較關心，獲勝者的大獎究竟是甚麼？

大獎暫時保密，請大家先欣賞開幕式精彩的表演吧！

下一個是螃蟹舞蹈團的節目，請螃蟹舞蹈團做好準備。

怎麼處置這些仿生螃蟹？

塞櫃子裏。

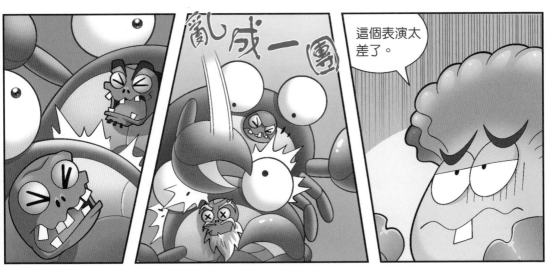

你知道處理韌帶拉傷的正確方法嗎？

環太平洋游泳比賽，現在開始！

有請瘋狂游泳館的總設計師——火炬樹樁為我們按下開始按鈕！

遙控器呢？

找不到沒關係，我有備用遙控器。

看我的花式仰泳。

狗仔式才經典。

堅果一動不動的，不會遇溺了吧？

我把它稱作——
隨波逐流式。

師父，要不
要給他們來
點風浪？

先等等。

等他們游到筋疲
力盡的時候，效
果才更好。

白蘿蔔加油！

半小時後

游了這麼久，離終點還有那麼遠，火炬樹樁的水流系統果然名不虛傳。

在大洋裏游泳會遇到許多危險和困難，比如颱風、海底火山爆發等。我在瘋狂游泳池裏也設置了模擬障礙，你們要小心喲！

他說的火山爆發挺有意思，我們試試。

好的。

135

鯊魚來啦！

你一下啟動這麼多障礙幹嗎？

我還沒開始按啊！

大家別慌，我設置的是安全模式，不會出現危險的！

有我們在，就不算是安全模式了。不陪你們玩了，進攻！

是殭屍！

打你個大塊頭！

觀眾席上的植物們，大家先別走，我們一起下水營救參賽選手！

可我們不會游泳啊！

接住！戴上它，所有人都能成為游泳高手！

我會游泳了！

啊，出現了好多章魚怪！

我體能跟不上，快不行了！

來看比賽的植物，都是愛健身的植物。我們人多力量大，你們就投降吧！

救命啊！

我的腳踝好像韌帶拉傷了。

深海巨人殭屍，繼續戰鬥，不准停止！

大家快來幫忙，把他轉移到岸上！

為甚麼？

他的韌帶拉傷了，不能泡在熱水裏，否則會加快組織液的滲出，腿會腫得更厲害。我們不能見死不救！

主遙控器修好了，我關閉了模擬系統。

韌帶拉傷後，會出現局部腫脹、疼痛。我用冰塊給你冷敷一下，減緩血液循環，從而減少疼痛和腫脹。

韌帶拉傷康復後期，你可以量力做一些活動，幫助血液流通，但不能讓受傷部位承受過大的壓力，或者做過於劇烈的運動。

謝謝你們。

我突然想起來，我不是故意來破壞的，是被他們騙來的！

功夫氣功殭屍，我和你們沒完！

快跑啊，控制藥水失效啦！

喂，你現在不能亂動啊！

恭喜你奪冠！

白蘿蔔，還是你厲害，不愧為「游泳之王」。

你也不賴，得了第二。

豌豆射手，我贏了你，你服不服？

最近我只顧着做研究，沒時間鍛煉身體。等我加強鍛煉，一定比你強！

對啦，前三名的獎品到底是甚麼呀？

別着急，都在這兒呢！

回去後再打開喇！

戴夫這傢伙，又在賣關子了……

（未完待續……）

游泳與人體健康

　　游泳既是一項實用的生存技能，又是一項充滿樂趣、能強身健體的體育運動。堅持游泳的人通常體格強健，心情愉快，免疫力較強。那麼，游泳具體有哪些好處，又有哪些注意事項呢？

游泳的好處

　　1. 游泳可以增強心肺功能。游泳時，水壓會迫使人體的呼吸肌用更大的力量來完成呼吸動作，長期游泳可以使呼吸系統的機能增強，增加我們的肺活量。另外，由於在水中運動時需要調動人體很多器官，心臟需要更快的血液循環來向人體供給足夠的營養物質，久而久之心臟的肌肉厚度會增加，彈性會加大，所以經常游泳的人通常有一顆強大的心臟。

　　2. 游泳可以增強免疫力。由於游泳池的溫度一般比人的體溫要低，並且水的導熱能力比空氣要大，人體為了平衡體溫，神經系統會讓人體加快新陳代謝，從而適應外界氣溫的變化。經常游泳可以增強體溫調節能力，減少氣溫升降對人體的影響，從而增強自身的免疫力。

　　3. 游泳可以健美塑形。游泳是典型的有氧運動。受水的壓力、阻力、浮力的共同作用和較低水溫的影響，相同的運動在水中消耗

的熱量要比在陸地上多得多。由於浮力的影響，人在水中不易感到疲勞，並且關節受到的壓力也小很多，往往可以達到事半功倍的效果。此外，游泳是少有的動用全身的運動，可以使全身的肌肉都得到協調鍛煉，避免了機械運動造成肌肉不勻稱的後果。

4.游泳可以緩解壓力。游泳可以有效地刺激人體的內啡肽的分泌。這種激素可以有效緩解人們的壓力，使人產生愉悅感。另外，在水中會排除外界的干擾，從而讓人變得更加專注，有助於緩解緊張的情緒。

5.游泳可以使皮膚變好。我們在游泳時，流動的水會不斷沖刷皮膚上的汗腺、脂肪腺，對皮膚有很好的按摩作用。游泳還能減少汗水中鹽分對皮膚的損害。所以，經常游泳會使皮膚變得光滑，有彈性。

游泳時的注意事項

水具有流動的特點，游泳會使人在水中失去支撐和平衡，還容易嗆水，所以初學者往往會在水中產生恐懼心理。除了需要克服恐懼心理，游泳時還要注意以下事項：

1.學會正確的呼吸方法。學習游泳最大的困難是改變人正常的呼吸習慣，需要先學會用嘴在水面上吸氣，用鼻或嘴在水下呼氣。頭部剛露出水面時，不要用鼻子吸氣，否則會把附着在鼻腔內的水珠吸進氣管，造成嗆水。我們可以利用浮板練習有節奏的換氣，先在水中手持浮板，兩臂伸直，用嘴深吸一口氣，然後將面部浸在水

中，憋住氣，感到呼吸困難時一下子把氣呼完，再露出水面用嘴吸氣，重覆練習。

2.下水前做好熱身運動。突然進行劇烈運動會使關節和肌肉造成傷害，可能會出現抽筋、頭暈等症狀，而這些症狀在水中都是極度危險的，並且泳池的水溫通常較低，所以下水前的熱身運動很有必要，可以減少入水時的不適感。

3.防曬不可忘。在室外游泳時，很多小朋友以為，在水中就可以不用怕太陽暴曬了。其實由於光的折射作用，水中的紫外線雖然比陸地上的弱一些。但如果長時間暴露在太陽下游泳，也會造成脫皮、紅腫等症狀，所以夏天戶外游泳時記得塗上防曬霜。

4.不要在泳池的排水口玩耍。泳池除了水本身，還有一個隱形的「殺手」，就是泳池的排水口。泳池在換水時，排水口的吸力十分巨大，一旦被吸住，靠人自身是無法從排水口掙脫的。所以在游泳時，千萬別靠近排水口。

5.不要長時間游泳。雖然人在水中不容易感覺疲勞，但熱量仍舊在劇烈消耗，長時間游泳可能會出現脫水、動脈收縮等狀況，嚴重的會導致痙攣，甚至引發生命危險。每次游泳時間最好不要超過兩小時。

6.不要獨自外出游泳。要避免獨自一人外出游泳，也不要在野外游泳。游泳時要清楚自己的水性，盡量不要和小伙伴在水中打鬧。如果在水中出現眩暈、噁心等情況，要及時上岸。遇到抽筋、呼吸困難時也不要驚慌，要及時大聲呼救，確保自己安全。

7.游泳後要注意衞生保健。雖然泳池會經常消毒，但還是會有一定的細菌殘留，所以每次游泳後要記得沖洗身體，並且多次漱口，避免病菌進入體內。游泳後也會造成大量的水分流失，要及時適量喝水，並做一些放鬆動作。

怎樣預防在運動中受傷？

近年來，隨着人們愈來愈重視健身運動，因不當的運動方式引起的運動受傷也愈來愈常見。據統計，醫院受傷急診患者中，因為運動受傷的佔 7%-22%，這個比例與交通意外、工傷事故非常接近。那我們怎樣運用正確運動的方法來預防運動損傷呢？

1.正確鍛煉，循序漸進。
我們大多數人運動的目的是強身健體，因此運動時不宜盲目追求強度和難度，要正確鍛煉，避免受傷，享受運動的快樂。在選擇運動項目時，也要根據個人的情況，循序漸進，

由慢到快，由少到多，由簡單到複雜，適量鍛煉。

2.準備活動要充分。在健身運動前，一定要做好充分的準備活動，這樣可以有效減少運動損傷的發生。準備活動不但可以提高中樞神經系統的興奮程度，克服機體的生理惰性，而且能增加肌肉當中毛細血管開放的數量，提高肌肉的彈性，同時還能提高運動器官的機能，增強韌帶的彈性，使關節腔內的滑液增多，防止肌肉和關節的損傷。準備活動最基本的方法就是自己數着拍子，讓自己的手腕、膝蓋、肩部、腰部等容易受傷的部位舒展開來。另外，可以適度地慢跑 10 分鐘，感覺微微出汗、關節放鬆即可。

3.注意運動間歇的放鬆。不要長時間進行高強度運動，而要在各個動作之間增加幾分鐘的休息時間。不要小看這短短的休息時間，它能很快地消除肌肉疲勞，改善血液供給。

4.防止局部負擔過重。我們在運動時，通常會集中訓練身體的

某一部位，但這樣容易造成機體局部負擔過重而引起運動損傷。比如膝關節半蹲起跳動作過多，就容易引起骨關節損傷。在運動鍛煉中，應盡量避免單調固定的

鍛煉方法，防止局部負擔過重。

5.創造良好的運動條件。首先，我們要選擇安全的場地、設備、裝置，確保它們達到安全指標。其次，要選擇適合自己的運動裝備，合適的運動鞋可以降低腳部受傷的風險，合身的運動服也能保證運動的舒適度。在做一些較危險的運動時，如踢足球、滑板、攀岩，需要準備專業的運動護具。另外，過飽、過餓或身體有明顯不適時，不宜進行運動。總之，要時刻確保自己處於安全的運動狀態。

6.鍛煉後注意拉伸放鬆。運動鍛煉後，我們要通過拉伸的放鬆方法，使心率、呼吸、肌肉等的應激反應恢復到鍛煉前的正常水平。這種鍛煉後的恢復，與鍛煉前的熱身運動同等重要，能有效預防運動損傷。需要注意的是，運動鍛煉後通常不要立即沖冷水澡，因為運動過後的皮膚毛細血管擴張，毛孔張開，此時沖冷水澡極易受風感冒。另外，運動鍛煉後不要立即大量飲水，因為運動後心臟仍然處於較激烈的運動狀態，這樣會引起心臟負擔過重。

認識我們的骨骼

　　骨骼是人體結構的重要組成部分，主要分為兩部分：一是人體正中部位的「中軸骨」，包括顱骨和軀幹骨；二是連接着中軸骨的「四肢骨」，包括上肢骨和下肢骨。從形狀類型來分，人體骨骼包括長骨、短骨、扁平骨和含氣骨四種類型。

　　骨骼最明顯的作用就是構成骨架，維持身體姿勢，保護我們的臟器，如顱骨保護着大腦，肋骨保護着胸腔內的心肺等器官。骨骼還承擔着造血功能。骨骼內的髓腔含有骨髓，在嬰兒五個月左右的時候就成了人體的造血中心。科學研究表明，人體內各種血細胞均起源於骨髓造血幹細胞。此外，骨骼還儲存着人體中大量的鈣、磷等礦物質，幫助人體代謝。

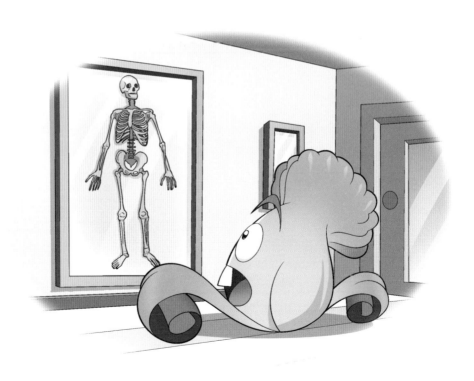

骨骼與骨骼之間的間隙一般被稱為關節。關節分成不動關節、可動關節，以及難以被歸類的中間型（可稱為少動關節）。除了少部分不動關節由軟骨連接之外，大部分關節是憑藉韌帶連接起來的。

骨骼趣味小知識

　　1.新生兒骨骼數量要比成人多。成人一共有 206 塊骨頭，而新生兒卻有 300 多塊，這是因為新生兒的骨骼中包含很多骨頭和軟骨的混合物。

　　2.手和腳的骨骼數量佔到全身的一半以上。一般情況下，成人每隻手有 27 塊骨頭，每隻腳有 26 塊骨頭，手腳相加一共 106 塊，佔了人體所有骨骼的一半還多。這也是我們手腳動作會比其他生物靈活的原因之一。

　　3.通常來說，人體一共有 12 對共 24 根肋骨，但是有的人會生出額外的肋骨，可能是一根，也可能是一對，這種肋骨被稱為頸肋。它一般生長在頸根部、鎖骨的正上方。頸肋對人體存在着潛在危害，如果壓迫到頸部附近的血管或神經的話，就會引起肩部或頸部疼痛、肢體感覺喪失、血栓等問題。

　　4.骨骼能支撐人體骨架，通常容易被認為是人體中最堅硬的部位，其實不是 —— 人體最堅硬的部分是牙齒上的琺瑯質。如果鑽石的硬度為 10，那麼琺瑯質的硬度一般在 6 至 7，而骨骼的硬度只有 3 至 4。

骨骼如何生長發育？

　　骨骼會隨着人的成長週期不斷生長，骨骼兩端的軟骨組織會不斷地生長、鈣化出硬骨組織。眾所周知，人的身高一部分是取決於遺傳因素和後天鍛煉，另一部分是由兒童時期的營養是否充足所決定的。

那麼，如何在成年之前讓骨骼發育得更好，長得更高呢？

1. 保證鈣的充足攝入。鈣是組成骨骼最基本的元素。人體 99% 的鈣都儲存於骨骼中，所以鈣的充足攝入是促進骨骼生長的最重要的一步。此外，如果鈣吸收不足，骨骼中的鈣就會稀釋到血液中，以維持血鈣濃度，導致骨骼密度愈來愈低，變成骨質疏鬆，進而容易引發骨折或兒童佝僂病。7 歲之後，人體每天大約需要 800 毫克的鈣質。在飲食上，應多食用牛奶、豆製品和海帶等含鈣高的食品。

2. 保證維生素 D 的正常獲取。在沒有載體的作用下，單純的鈣是不能被人體吸收的，而這個載體就是維生素 D。維生素 D 有助於鈣在腸道的吸收，促進鈣在骨組織上沉積。如果人體缺乏維生素 D，那麼鈣的吸收效果就會大打折扣。獲取維生素 D 最有效的方式就是曬太陽，人體大約 90% 的維生素 D 依靠陽光中的紫外線照射，再通過人體自身皮膚合成。每天曬 15 至 20 分鐘的太陽就基本上能為我們提供足夠的維生素 D，從而幫助鈣的吸收。

3. 保證蛋白質的正常攝入。骨骼成分中約有 22% 是蛋白質，而且主要是膠原蛋白。有了蛋白質，人的骨頭才能像混凝土一樣有韌性，經得起外力的衝擊。如果蛋白質長期攝入不足，不僅人的發育會遲緩，還會導致骨質疏鬆。在日常生活中，我們可以通過食用牛奶、雞蛋、白肉、核桃等食物來補充蛋白質。但需要注意的是，蛋白質攝入過多的話，會使人體血液的酸度增加，加速骨骼中鈣的溶解，反而不利於骨骼的生長。

4. 保證鎂的合理攝入。人體中大約 60% 的鎂都存在於骨骼中。當鈣被吸收進人體血液中後，鎂會幫助把鈣「搬」進骨骼裏；而當骨骼不再缺鈣時，鎂還會負責把血液中多餘的鈣「搬」出體外。如果長期缺乏

鎂這個「搬運工」，就會讓骨頭脆化，容易發生骨折。紫菜、杏仁、花生和綠葉菜等食物中都含有豐富的鎂。

5. 保證維生素 K 的恰當攝入。骨鈣素是由成骨細胞產生和分泌的一種非膠原蛋白，對骨骼的生長和代謝具有重要意義。維生素 K 是骨鈣素的形成要素，可以幫助鈣沉積到骨骼當中，從而提高補鈣效果，所以我們平時可以適當攝入一些富含維生素 K 的食物，比如西蘭花、菠菜、番茄、豬肝等。

□ 責任編輯：華　田
□ 裝幀設計：龐雅美　鄧佩儀
□ 排　版：楊舜君
□ 印　務：劉漢舉

植物大戰殭屍 2 之人體漫畫 04
——游泳之王大挑戰

□
編繪
笑江南

□
出版
中華教育
香港北角英皇道 499 號北角工業大廈一樓 B
電話：(852) 2137 2338　傳真：(852) 2713 8202
電子郵件：info@chunghwabook.com.hk
網址：http://www.chunghwabook.com.hk

□
發行
香港聯合書刊物流有限公司
香港新界荃灣德士古道 220-248 號
荃灣工業中心 16 樓
電話：(852) 2150 2100　傳真：(852) 2407 3062
電子郵件：info@suplogistics.com.hk

□
印刷
美雅印刷製本有限公司
香港觀塘榮業街 6 號 海濱工業大廈 4 樓 A 室

□
版次
2022 年 11 月第 1 版第 1 次印刷
© 2022 中華教育

□
規格
16 開（230 mm×170 mm）

□
ISBN：978-988-8808-78-6

植物大戰殭屍 2 · 人體漫畫系列
文字及圖畫版權 © 笑江南
由中國少年兒童新聞出版總社在中國首次出版　所有權利保留
香港及澳門地區繁體版由中國少年兒童新聞出版總社授權中華書局出版